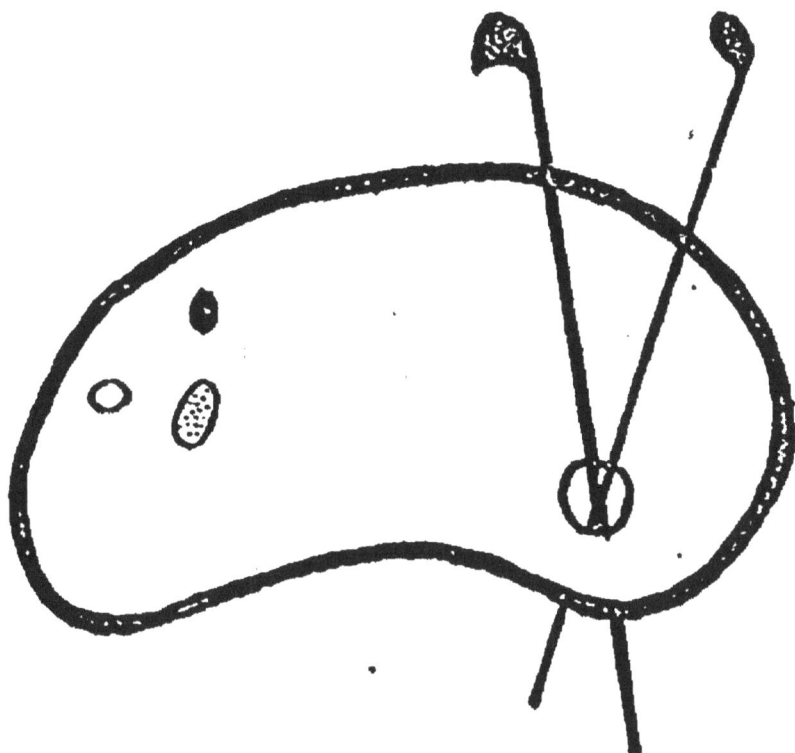

DEBUT D'UNE SERIE DE DOCUMENTS
EN COULEUR

L'ALTITUDE PRIMITIVE

DES

ALPES DAUPHINOISES

L'UBAYE ET LA DURANCE PLIOCÈNES

PAR

Fʀ. ARNAUD

NOTAIRE A BARCELONNETTE

Note présentée a la Société Géologique de France,
dans sa séance du 6 Juin 1898

PARIS

AU SIÈGE DE LA SOCIÉTÉ GÉOLOGIQUE DE FRANCE

7, Rue des Grands-Augustins, 7

1898

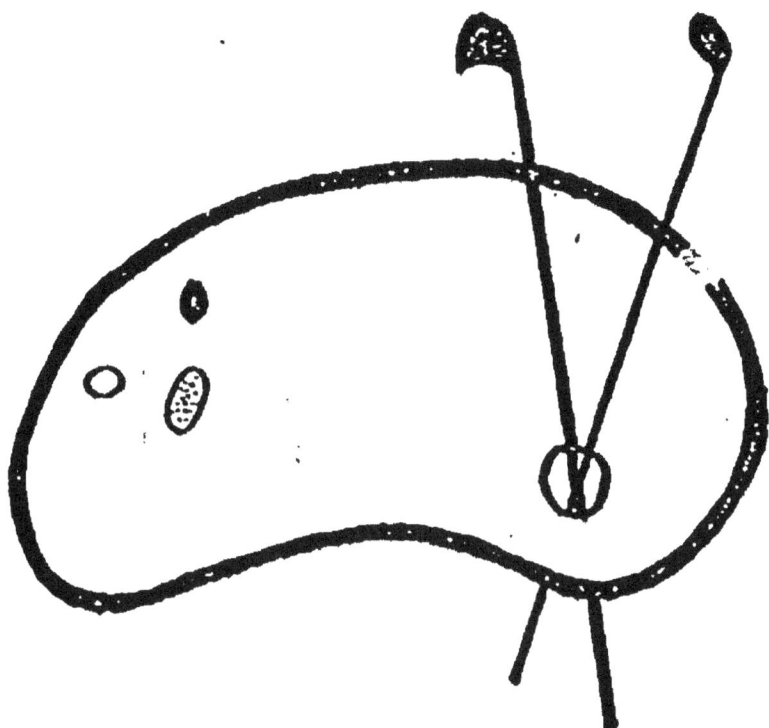

FIN D'UNE SERIE DE DOCUMENTS
EN COULEUR

L'ALTITUDE PRIMITIVE

DES

ALPES DAUPHINOISES

Il est universellement admis que les Alpes, à la fin de leur soulèvement au début de l'époque pliocène, avaient une hauteur supérieure à celle d'aujourd'hui. On est arrivé à cette conclusion en reconstituant par la pensée la masse des matériaux, blocs, graviers, troubles, entraînés par les cours d'eau, déposés dans les plaines, deltas ou au fond des mers et en les remontant à leur place primitive (1). Mais on sent combien ce calcul est arbitraire.

Ne pourrait on arriver à une conclusion plus certaine en étudiant la pente des cours d'eau pliocènes ? C'est ce que nous tenterons de faire dans cette étude sur le bassin de la Durance.

Je prie le lecteur d'avoir sous les yeux :

1º La carte de l'Etat-Major au 320.000ᵉ, de la Méditerranée à Briançon, qui donne tout le bassin de la Durance;

2º Les cartes au 80.000ᵉ intitulées : Gap, Die, Le Buis et Digne.

De la station de *la Freyssinouse* (ligne de Veynes à Briançon), en remontant vers le nord, on traverse quelques cultures en pente douce, puis une côte abrupte de schistes noirs calloviens et, à 100ᵐ au-dessus de la gare, on trouve un poudingue, limitant en muraille de 10 à 15ᵐ de hauteur le *plateau incliné de Correo* qui forme la base de l'extrémité sud de la montagne de Charance. Assis sur le bord de ce

(1) A. PENCK. Die Denudation der Erdoberfläche. *Ein Vortrag.* Wien 1887. — V. aussi les travaux de M. HEIM et SUPAN. Grundzüge der physischen Erdkunde. Leipzig. 1896 —; p. 490. PENCK. Morphologie der Erdoberfläche, p. 278. Stuttgart, 1894, etc.

plateau, au point marqué 1103 sur la carte de Gap, on a en face de soi, au sud, la table calcaire de la montagne de *Céuze*, dominant de 500 mètres l'observateur et le haut de la vallée du *Petit-Buech*, large en ce point de 3 à 4 kilomètres, et qui descend à droite vers l'ouest, pour aller s'embrancher dans celle du *Grand-Buech*, en amont de Serres.

Le creusement de cette vallée, évidemment d'érosion, sur une pareille largeur, dans sa partie supérieure, paraît d'abord anormal. Quand deux cours d'eau ont leur origine au même point d'une crête et coulent sur les deux pentes opposées, leur action y détermine un col. Mais au col de la Freyssinouse, rien de semblable ; le petit ruisseau qui va former le Petit-Buech coule vers l'ouest, mais à l'est, pas le moindre ruisseau, des terres cultivées descendant d'étage en étage vers Gap.

Quelle est donc la rivière déjà puissante qui, venant de l'est, a pu creuser cette vallée ? Les montagnes élevées qui auraient pu lui donner naissance sont à plus de 50 kilomètres dans cette direction et séparées du point où nous sommes par la grande vallée de Gap-Chorges, en contrebas de 300 mètres.

La réponse est sous nos pieds. Détachons d'un coup de marteau quelques galets, de 15 à 20 centimètres d'axe en moyenne, du poudingue qui nous porte. Ce sont des amphibolites, des protogines, des euphotides, des variolites de la Durance, toutes roches qui n'existent pas à 60 kilomètres à la ronde, qu'on ne trouve en place que dans la Haute Durance (1). C'est donc une ancienne Durance qui a creusé la vallée de la Freyssinouse, la vallée du Petit-Buech et qui coulait à la hauteur où nous sommes sur les graviers qui nous portent. En continuant par la pensée vers le sud la pente du plateau de Correo et en la relevant vers Céuze, en anse de panier, nous aurons la coupe en travers du lit sur lequel coulait la Durance, qui roulait les graviers de ce poudingue. Ce lit passait à 50 ou 60 mètres

(1) David Martin. Formations caillouteuses de la vallée de la Durance. Gap, Jouglard, Imprimeur de la Société d'études, 1895.

au-dessus de la station que nous venons de quitter.

Si nous cherchons ce *lit ancien* en descendant la vallée du Petit-Buech, puis celle du Grand-Buech, nous le retrouvons partout sur la rive droite, à la même hauteur de 150 à 200m au-dessus de la vallée actuelle. Ce même poudingue se continue avec une pente régulière. Par places, les torrents latéraux, en creusant le flanc de la montagne, l'ont fait disparaître : *Rabou*, *Labéous*, etc. Vous le retrouverez à *Veynes*, aux *Guérets*, aux *Egaux*, même en remontant dans la vallée du Grand-Buech par le chemin de fer de Grenoble ; puis à *Serres*, à *la Gineste*, à *Mison*, à *Bellevue*; là il s'étale sur les hauteurs au nord de cette grande plaine, entre le Buech et la Durance actuelle, et, dominant la haute terrasse quaternaire, on le retrouve à la terrasse supérieure de *Volonne* sur la rive gauche de la Durance, puis coiffant les pyramides (1) pontiennes des *Mées* (2).

Cette formation ne remonte pas plus haut que le Poët, dans la vallée de la Durance actuelle, ce qui paraît démontrer que le courant qui l'apportait ne venait pas de cette vallée, mais exclusivement de celle du Petit-Buech, continuée par celle du Grand-Buech, après leur confluent.

Partout l'état d'altération de la plupart des galets montre l'ancienneté de cette Durance, les roches granitiques sont kaolinisées et s'effritent, les variolites sont pâles, etc. (3).

Il est démontré, par ce qui précède, que la Durance a creusé la vallée du Petit-Buech et qu'à cette époque elle ne passait pas encore par son lit actuel, le Monetier-Allemont, la Saulce, etc... Nous appellerons provisoirement cette rivière la *Durance Correo-Mizon*.

Pour couler à Correo à l'altitude 1103, elle passait forcé-

(1) *Las Méas* en patois signifient les pyramides. Voir La Méa au sud de Barcelonnette. Pain de Sucre sur la carte d'Etat-Major, feuille de Digne.

(2) Je ne veux pas aller plus loin pour ne pas anticiper sur l'étude annoncée à la Société géologique de France par mon excellent ami M. David Martin, qui m'a le premier conduit dans ces parages, qu'il étudie depuis des années.

(3) Les dépôts glaciaires et fluvio-glaciaires de la Durance, par MM. Kilian et A. Penck. C.-R. Ac. Sc., 17 juin 1895.

ment au moins à 350 mètres au-dessus de Gap, à 300 mètres au-dessus de Chorges, à 450 mètres au-dessus d'Embrun et le *fond* des vallées Gap-Chorges et de la vallée d'Embrun était alors à ces altitudes.

A cette époque l'*Ubaye*, grossie de la *Blanche*, qu'elle recevait par le col *Saint-Lagier* et ensuite par celui de *Charamel* (1), avait dessiné, *du Sauze au Poët*, le lit de la future Durance, par Espinasse, Remollon, Tallard, la Saulce, le Monetier-Allemont. L'Ubaye avait donc 40 kilomètres de plus de longueur et avait son confluent avec la Durance Correo-Mison au Poët. Plus tard l'érosion reprit; la Durance Correo-Mison creusa son lit de 60 mètres environ à la Freyssinouse et dans les vallées du Petit-Buech et du Grand-Buech. Puis elle se butta contre la masse de Céuze qui la rejeta au Sud sur Tallard et elle *quitta pour toujours la vallée du Petit-Buech*. Elle continua à creuser la vallée Chorges-Gap, sans avoir encore emporté la croupe qui, du *Gapiau à Pontis*, par le Sauze, la séparait encore de l'Ubaye. Divaguant dans cette surface de 20 kilomètres de large, qui s'étend des croupes nord de la plaine de Gap au lit de l'ancienne Ubaye, elle dériva vers elle par les lits actuels de *Rousine*, de *la Luye*, de l'*Avance*, creusés par elle et inexplicables sans elle, surtout cette dernière, qui a deux kilomètres de largeur et à peine 15 kilomètres de longueur et prend sa source actuellement dans les marais du Chorges. Elle prit ainsi peu à peu possession du lit de l'Ubaye qu'elle élargissait. Puis un beau jour le seuil Gapiau-le Sauze-Pontis fut entamé, scié en cascade, emporté ; la Durance abandonna la vallée Chorges-Gap, dont le creusement, sans elle, serait inexplicable. Enfin, raccourcissant ainsi définitivement son parcours de 20 kilomètres, elle s'établit pour toujours dans son lit actuel de Savines au Poët et Sisteron, par le Monetier-Allemont, préparé par l'Ubaye et qu'elle creusa sans arriver à l'élargir beaucoup du confluent de l'Ubaye au confluent de

(1) La gorge de la Blanche, de Saint-Martin de Seyne à Espinasse, avec ses pentes abruptes, paraît de date récente.

l'Avance (1). La grande inclinaison des pentes des versants montre que la Durance, sur ce parcours, n'a pas depuis une très haute antiquité atteint son état d'équilibre, fixé le pied des versants et permis à l'action pluviale d'en abaisser le profil (2).

Il en est autrement de la Durance Correo-Mison, la plus ancienne qui ait laissé des traces indéniables.

Cette vallée de la Freyssinouse, aux dimensions si disproportionnées avec l'importance du filet d'eau qui y circule encore, est évidemment une *vallée morte*, abandonnée depuis des milliers de siècles par le cours qui l'a creusée et qui a laissé son *lit fossile* suspendu à ses flancs.

Cette vallée morte n'eût-elle pas quelques résurrections ?

Quelle admirable puissance de ressources dans la nature ! Quand du plateau de Correo on aperçoit à 400 mètres plus bas, au fond de la vallée voisine, briller cette Durance où roulent les eaux tombées sur les flancs du Pelvoux et du mont Genèvre, quel est l'esprit le plus chimériquement audacieux qui aurait pu penser que ces mêmes eaux, tombées en flocons de neige à la barre des Ecrins, au lieu de se précipiter dans ce lit profond, ont pu remonter, *sous la forme solide*, cette pente effrayante, remplir cette vallée profonde et large et venir *mouiller* de nouveau ce haut plateau de Correo, avec une puissance telle qu'au lieu des galets qu'elle y roulait alors, elle ait pu y transporter des blocs mille fois plus gros ! Ce travail de géant elle pourra le recommencer un jour !

Il est certain qu'une branche du glacier de la Durance a passé sur le col de la Freyssinouse, encombré d'un enchevêtrement de buttes morainiques, qu'il a passé sur le plateau de Correo (3), dont la surface, rabotée par lui, est parsemée de blocs erratiques. Il a pu monter beaucoup

(1) Appelée à tort La Vence sur la carte E.-M. Voir Avançon.
(2) De la Noé et de Margerie. Les formes du terrain.
(3) V. les publications de MM. David Martin, Haug, W. Kilian, où les moraines de Correo sont décrites ainsi que les alluvions pleistocènes *inclinées* qu'elles recouvrent en aval du point où affleure la terrasse pliocène.

plus haut, peut-être jusqu'à Céuze, où M. David Martin a trouvé un petit bloc de grès du Flysch.

Mais, quelle que soit la hauteur des traces d'un glacier sur le flanc d'une montagne, on ne peut connaître l'emplacement *du fond* de ce glacier, *du sol qui le portait*, que par des moraines frontales et par le lit du courant qui en sortait.

Mais alors ce poudingue de Correo ne serait-il pas *fluvio-glaciaire* (Pliocène), comme l'ont écrit M. M. Kilian et Penck? (1). Nous ne le pensons pas.

Pour que ce courant fluvio-glaciaire coulât à Correo à l'altitude 1103, il aurait dû s'échapper d'une *moraine frontale* située en amont, vers Gap, supposition gratuite puisqu'il n'en reste pas trace et qu'il ne pouvait guère en rester après le passage des glaciers des glaciations postérieures. Evidemment cette moraine frontale aurait dû reposer sur le fond de la vallée à l'altitude de 1200 mètres environ.

D'autre part, les alluvions interglaciaires de Pralong se sont déposées, après la deuxième glaciation, sur un fond de roche qui est le niveau actuel de la Durance, à l'altitude 810 et qui était bien le fond de la vallée de la Durance pendant la 2ᵉ glaciation, puisque les alluvions d'Embrun, qui l'ont suivie, sont superposées, comme l'a découvert M. Penck, à des moraines de fond typiques (2).

Il aurait donc fallu qu'entre la première et la deuxième glaciation, la Durance eût eu le temps de creuser la vallée du Buech d'une centaine de mètres, la vallée de Chorges-Gap de 350ᵐ et sa propre vallée de 500ᵐ environ (de Correo à Tallard) sur une quinzaine de kilomètres de largeur! Je suis tout disposé à attribuer aux phénomènes glaciaires la durée de cent mille ans que lui prête M. de Mortillet et même à l'augmenter très largement ; mais il m'est impossible d'attribuer *à une seule époque interglaciaire* la durée

---

(1) W. KILIAN et A. PENCK. Les dépôts glaciaires et fluvio-glaciaires de la Durance. *C.-R. Ac. Sc.*, 17 juin 1895.

(2) KILIAN. *B. S. G. F.*, 1895, pages 816, 817.

suffisante pour qu'une rivière, *qui n'avait pas un bassin de réception plus grand que celui de la Durance actuelle*, ait pu, malgré le ruissellement intensif de l'époque pleistocène, malgré la friabilité des schistes qu'elle traversait, accomplir un tel travail d'arasement, de creusement et de déblayement.

J'estime donc que *la Durance Correo-Mise i n'était nullement un cours d'eau fluvio-glaciaire mais simplement fluviaire*, qu'elle était à l'époque pliocène le cours d'eau principal du bassin de la Durance actuelle et d'une puissance égale, à en juger par la grosseur des graviers entraînés par elle, sur une pente connue.

Quelle était cette pente ?

Elle est donnée exactement par le tableau suivant, établi en remontant la rivière, à partir du *col de Lamanon*, par où elle passait alors pour aller s'épancher dans la Crau et que je surélève de 30 mètres pour tenir compte de l'érosion postérieure probable :

ÉNONCIATION DES POINTS		ALTITUDES DE LA DURANCE PLIOCÈNE	DIFFÉRENCE D'ALTITUDE ENTRE CE POINT ET LE SUIVANT	DISTANCE DE CE POINT AU SUIVANT, EN KILOM.	PENTE PAR 100 MÈTRES DE CE POINT AU SUIVANT	ALTITUDES DE LA RIVIÈRE ACTUELLE
RÉEL	Col de Lamanon, surélevé de 30ᵐ	137	396	102	0.388	107
	Terrasse supʳᵉ de Volonne.	553	148	22	0.672	442
	Terrasse supʳᵉ de Mison. .	681	251	31	0.809	519
	Terrasse supʳᵉ de Veynes .	932	171	20	0.855	806
	Terrasse supʳᵉ de Correo .	1103	182	20	0.910	1005
HYPOTHÉTIQUE	Au-dessus d'entre La Batie et Chorges	1285	193	20	0.965	858
	Au-dessus d'Embrun . . .	1478	204	20	1.020	800
	Au-dessus d'en face de St-Crépin	1683	215	20	1.075	908
	Au-dessus de Ste-Philomène	1908	101	9	1.130	1143
	Au-dessus du confluent de la Clarée	2000	»	»	»	1351

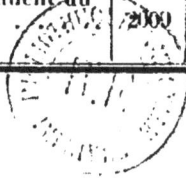

De Volonne, jusqu'au plateau de Correo, les altitudes et les distances sont *prises sur le terrain* et les pentes exprimées sont exactes. La pente va toujours en augmentant, comme on devait s'y attendre, et l'on sait que la courbe se relève d'autant plus rapidement que l'on approche du faîte. Pour avoir les pentes suivantes, nous avôns néanmoins conservé l'augmentation de pente des 20 derniers kilomètres de Veynes à Correo, soit 0.055 % que nous avons ajoutés tous les 20 kilomètres ; notre Durance pliocène aurait ainsi coulé au-dessus de la Bâtie à l'altitude 1285 ; (soit à 427^m au-dessus du village actuel) ; au-dessus d'Embrun à l'altitude 1478 (soit à 678^m au-dessus de la Durance actuelle) ; en face de St-Crépin à l'altitude 1693 (soit à 785^m au-dessus de la Durance actuelle) ; au-dessus de Ste-Philomène à l'altitude 1908 (soit à 765^m au-dessus de la Durance actuelle), enfin au-dessus du confluent de la Clarée, à 2009^m, soit *à 658^m au-dessus du confluent actuel.*

Ce chiffre est certainement inférieur à la vérité ; mais ce chiffre, donné par la pente du lit de la Durance pliocène, *nous paraît démontré* comme minimum. Depuis l'époque où coulait cette Durance, les Alpes auraient donc été abaissées par l'érosion de 700 mètres, en chiffres ronds, *au minimum.*

Mais cette Durance pliocène, coulant à Correo à l'altitude 1103, n'est pas la première qui ait coulé dans cette vallée du Petit-Buech. Pour la creuser à ce point, d'autres Durances pliocènes antérieures y ont coulé à une altitude supérieure et, avant elles, très probablement la Durance pontienne qui a déposé les cailloutis aujourd'hui relevés par les plissements près de l'Escale et formant plus en aval les pyramides des Mées et toutes les collines de Valensoles. Dans chacune d'elles il faut relever leur lit au-dessus des lits postérieurs et, par suite, relever leur point de départ, la crête du Mont-Genèvre.

De combien ?

Nous pouvons tripler sans crainte le chiffre obtenu ci-dessus et porter à 2000^m plus haut que le Mont-Genèvre actuel, la source de la Durance post-pontienne, qui, très probablement, a coulé dans la même vallée principale et entamé avec persistance toutes ces barrières que les plissements avaient élevées en travers de son cours (Montagnes de Lure, de Chabre, etc.).

Ici nous retombons dans l'arbitraire ; mais exagérons-nous vraiment en portant à 2000 le chiffre de 658 que l'étude de la Durance pliocène paraît nous avoir donné avec certitude, *comme extrême minimum du démantèlement des Alpes dauphinoises,* depuis leur émersion définitive jusqu'à l'époque actuelle ?

Les profils en longs comparatifs ci-joints de la Durance pliocène et de la Durance actuelle montreront la différence de pente et la tranche enlevée par l'érosion entre les deux époques.

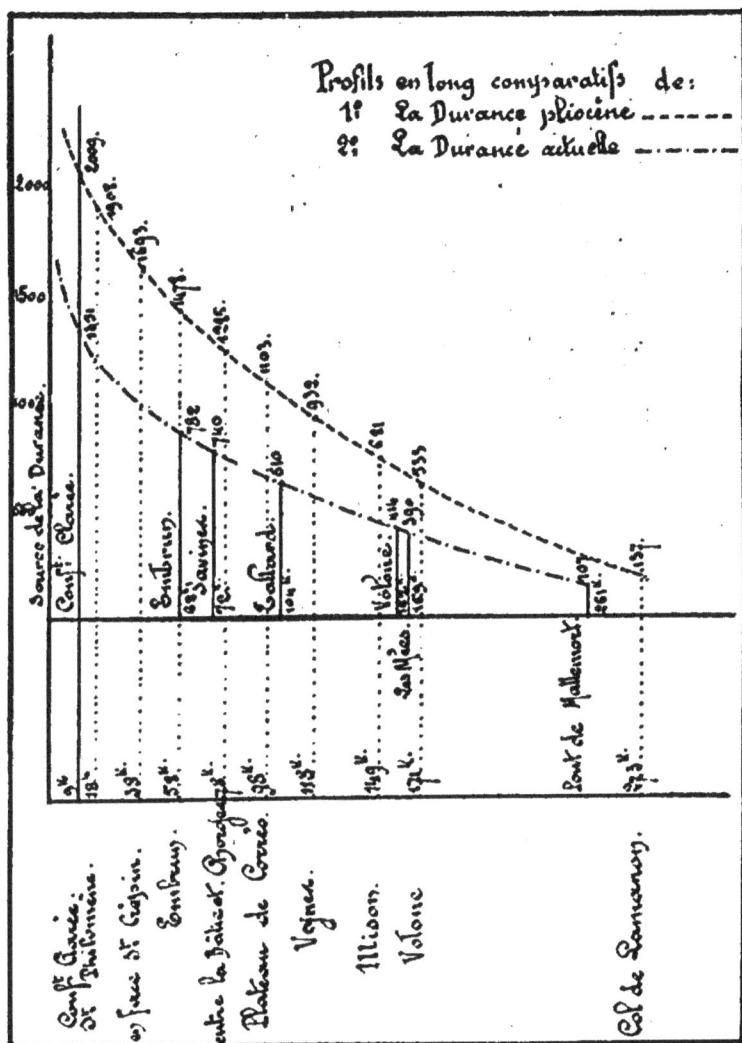

Fig. 1.

Le profil en long de la Durance actuelle est emprunté à l'étude sur la Durance publiée par M. E. Imbeaux, Ingénieur des Ponts et Chaussées, dans les Annales des Ponts et Chaussées en janvier 1892.

OBSERVATIONS DE M. KILIAN

Professeur de Géologie à la Faculté des Sciences de Grenoble.

A la suite de l'intéressant et ingénieux travail de M. Arnaud, M. **Kilian** tient à attirer l'attention sur le point qui lui paraît le plus important dans la notice de notre confrère : la démonstration de la *capture* d'une ancienne Durance par l'Ubaye. Cette démonstration lui semble appuyée d'arguments irréfutables et constitue un fait nouveau, contribution précieuse à l'histoire de nos vallées alpines.

Quant à l'essai de reconstitution de la ligne de faîte des Alpes à l'époque pliocène, il pense que la reconstruction du profil de la Durance pliocène est trop hypothétique pour fournir des résultats tant soit peu précis.

Si des lambeaux de *terrasses pliocènes* existent en aval de la Freyssinouse et ont été portés comme tels sur les feuilles le Buis, Digne et Die de la carte géologique détaillée, il n'en est pas de même en amont de cette localité, où aucune trace n'en a encore été signalée. Or, l'emplacement de la source de ce cours d'eau pliocène est absolument inconnu : elle pouvait être à l'E. de la ligne de partage actuel (comme M. Kilian l'a montré en 1896 pour la Durance interglaciaire), ou bien, s'il s'agit, comme M. Kilian le croit, d'une formation fluvio-glaciaire, au front d'un glacier sur la position duquel on ne possède aucun renseignement et qui pouvait être très voisin de l'emplacement de Gap. Il est donc très difficile, même en faisant abstraction d'autres facteurs importants (masse d'eau, résistance des roches) et en éliminant l'hypothèse pourtant très plausible d'un affaissement lent de la portion intra-alpine du bassin de la Durance, de se faire actuellement une idée du *profil en long* de ce cours d'eau à l'époque du Pliocène supérieur.

On ignore également si la rivière avait atteint son *profil d'équilibre*.

Quant à la *Durance pontienne*, on n'en connaît que le grandiose cône de déjections Mélan-St-Auban-Digne-Riez et rien n'autorise à admettre qu'elle ait suivi tel ou tel trajet plutôt qu'un autre. Elle est antérieure aux mouvements orogéniques les plus énergiques de la région et ne doit donc pas entrer en ligne de compte dans les hardies évaluations de M. Arnaud.

RÉPONSE DE M. ARNAUD, LUE PAR M. HAUG

Maître de Conférences à la Sorbonne,

dans la Séance de la Société Géologique le 21 Novembre 1898.

A ces observations de l'un des maîtres les plus autorisés de la Géologie Alpine, mon excellent ami M. Kilian me permettra de répondre un mot :

Je n'ai parlé que fort incidemment de la Durance pontienne, mais il me paraît indéniable que depuis le début du pliocène la Durance a coulé dans la vallée Briançon-Mont Dauphin-Embrun, etc.

Lorsque dans une plaine on trouve une butte isolée de cailloutis, respectée par les érosions, comme un témoin de l'ancienne nappe de cailloutis, on peut se demander de quel point de l'horizon venait le cours d'eau qui les chariait; mais, en montagne, la même hésitation n'est pas permise. Dans la plaine, entre le Poët et Sisteron, où deux vallées aboutissent, le choix n'est permis qu'entre ces **deux vallées.**

A la Freyssinouse, une grande vallée était déjà creusée de plusieurs centaines de mètres, lorsque la Durance déposait sur ses flancs le lit fossile qui nous occupe; c'était la continuation de la vallée Briançon-Embrun-Gap. Roulant des variolites, ce cours d'eau les prenait évidemment au Mont-Genèvre, le seul point où elles existaient. Déplacerait-on sa source de quelques kilomètres à l'est de la source de la Durance actuelle, ses eaux passaient au Mont-Genèvre et tombaient fatalement dans la vallée actuelle où elles coulaient à une plus grande hauteur.

J'ai admis en principe, avec la plupart des géologues, que, pendant l'époque pliocène et depuis, aucun mouvement orogénique n'avait eu lieu dans les Alpes dauphinoises et je n'ai pas tenu compte de l'hypothèse, plausible, c'est vrai, mais non encore étayée de preuves, d'un affaissement lent de la portion intra-alpine du bassin de la Durance. Dans ces conditions, l'établissement d'un profil en long de la Durance du pliocène supérieur, basé sur des faits précis, relevés sur le terrain sur une longue étendue de son parcours, m'a paru entouré de garanties scientifiques suffisantes pour être présenté à la Société géologique de France et pour être admis par elle.

Lille. — Imprimerie Le Bigot Frères.

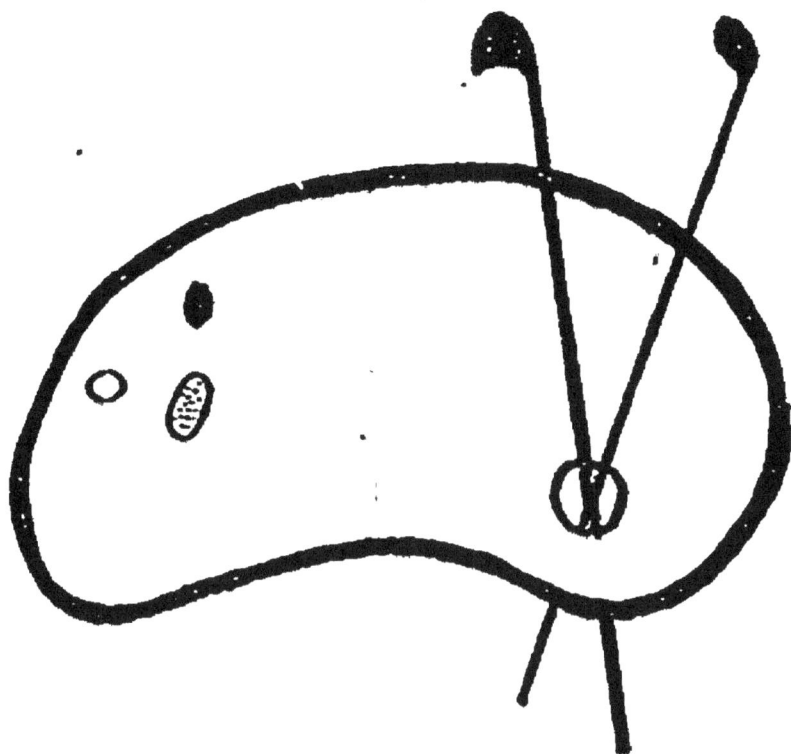

ORIGINAL EN COULEUR
NF Z 43-120-8